convenient

convenient

convenient

convenient

美食大師 林美慧／著

可 素 食

# 零失敗!今天開始
# 做素便當!

37

# 美味隨身帶，好料隨時嚐 ...............

　　「帶便當」這個名詞，對七、八年級的小朋友來說，是個陌生的字眼，但是在我讀書的年代，以及現在五、六年級生來說，應該很熟悉吧！帶著裝著菜飯的鐵飯盒上學，同學們一起抬著裝滿飯盒的籃子去蒸飯，中午時大家打開便當盒蓋的剎那，熱騰騰的蒸氣、香噴噴的味道，同學間開始互看彼此的菜色，比較各家媽媽的手藝，午餐就這樣打發了。

　　「哇，你媽媽幫你準備的菜很豐富ㄟ！」、「我可以吃一點你的菜嗎？」、「還有雞腿啊！你的便當很棒ㄋ！」這些在許多帶過便當上學的人都應該曾經聽過。現在呢，學校有了營養午餐，還有福利社，雖是幫家長們節省了很多時間跟心思，但是，媽媽們辛苦準備飯菜的愛心，卻消失了！那種親切的感覺好像很久沒出現了！

　　說實在，「帶便當」是任何人解決午餐的一種選擇方式罷了。不管是學生或上班族，只要在中午時分能夠填飽肚子，讓自己有精神活力應付下午的功課或工作，午餐是帶便當或外食並沒有太大差別的。不過，我就是喜歡帶著媽媽的愛心，也同樣讓我的小孩一樣感受我的愛心，所以「帶便當」對我來說，它不完全是填飽肚子的作用，它還是享受媽媽味道的幸福。

　　就是這樣，所以我將這份愛心記錄下來，讓大家一起分享，尤其是素食的朋友，在市面上針對素食的便當料理可說少之又少。這本食譜可說是充滿素食美味與愛心的集結，完全是考慮素食大眾需求來設計，裡面有適合小朋友的「小朋友媽媽愛心飯盒」、適合青少年的「青少年營養飯盒」、適合上班族的「上班族美味飯盒」、想瘦身的「特製減肥飯盒」，更有全家出遊可以準備的「郊遊野餐飯盒」，凡是大家能想到的，書裡都有。

　　不要吝嗇你的愛心喔！好好為家人的健康把關，除了可以吃到美食，還能享有衛生安全，及媽媽的貼心。可別看一個小小的飯盒，它可說是一個裝滿幸福美滿滋味的「美食魔法盒」喔！

林美燕

# How to use ｜ 使 用 相 關 說 明 ｜

★計量換算

1大匙＝15cc（ml）＝3小匙

1小匙（茶匙）＝5cc（ml）

1杯＝240cc

1斤＝1台斤＝16兩＝600公克

1碗＝6兩＝225公克

1兩＝37.5公克

少許＝略加

> 每個便當中的菜色，所標示公克份量不同，請依照份量料理；所有生鮮食材請洗淨後再料理。

★食譜名稱：為本道便當中文名稱，通常以主食材命名。

★菜色：為本道便當有的菜色，通常以食材命名。

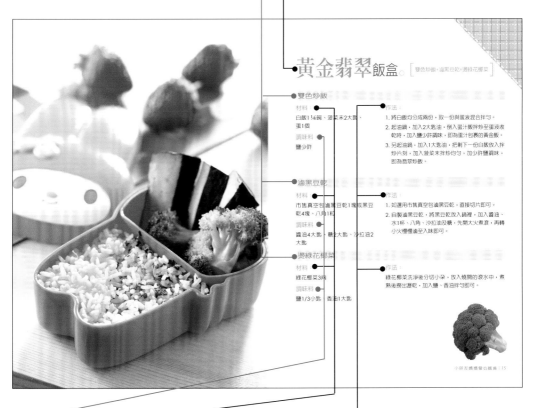

黃金翡翠飯盒。 [雙色炒飯‧滷黑豆乾‧燙綠花椰翠]

● 雙色炒飯

材料
白飯1¼碗、菠菜末2大匙、蛋1個

調味料
鹽少許

作法：
1. 將白飯均分成兩份，取一份與蛋液混合拌勻。
2. 起油鍋，加入2大匙油，倒入蛋汁飯拌炒至蛋液收乾時，加入鹽少許調味，即為蛋汁包裹的黃金飯。
3. 另起油鍋，加入1大匙油，把剩下一份白飯放入拌炒片刻，加入菠菜末拌炒均勻，加少許鹽調味，即為翡翠炒飯。

● 滷黑豆乾

材料
市售真空包滷黑豆乾1塊或黑豆乾4塊、八角1粒

調味料
醬油4大匙、糖2大匙、沙拉油2大匙

作法：
1. 如選用市售真空包滷黑豆乾，直接切片即可。
2. 自製滷黑豆乾，將黑豆乾放入鍋裡，加入醬油、水1杯、八角、沙拉油及糖，先開大火煮滾，再轉小火慢慢滷至入味即可。

● 燙綠花椰菜

材料
綠花椰菜3兩

調味料
鹽1/3小匙、香油1大匙

作法：
綠花椰菜洗淨後分切小朵，放入燒開的滾水中，煮熟後撈出瀝乾，加入鹽、香油拌勻即可。

小朋友媽媽營心飯盒 | 15

★調味料：為本道菜色調味的調味品。

★材料：為本道菜色所需材料。

★作法：為這道菜色所需方法步驟。

目錄

# 自製便當
# 教戰守則

## 便當的由來

　　大家習慣稱呼的「便當」，它其實不是我們自己叫出來的名詞，而是外來語，從日語「弁当」來的，這個名詞從日據時代一直流傳到現在，讓許多人誤以為是我們自己的語言。所以，當您在看有關日本節目時，聽到的「弁当」，是不是很有親切感呢！

　　其實，我們對「便當」最早的稱呼應該是「飯包」，現在在中南部，想必還有很多老一輩的人是用這樣的稱呼。在農業時代，下田耕作，從早到晚的忙碌，中午那有回家吃飯的時間，所以就在早晨把飯菜隨便包好，帶在身邊，才有「飯包」這樣的稱呼。

　　過去只有簡單的飯菜，冷冷的食用，就這樣打發中午的一餐，為的只要填飽肚子。可是，時代越來越進步，除了有用容器當飯盒，將飯菜裝在裡面之外，便當不再只是冷冷的吃它，像學生，還能加熱，所以變化越來越多。以前從家裡自備便當的狀況更有了不一樣的演變，有人大量製作便當販售，最有名的就是鐵路局賣的鐵路便當，這是許多人懷念的味道，在較早期坐火車吃鐵路便當是一種享受，那一塊香香的排骨，嗯，令人懷念的古早味；還有東部的池上便當，這也是因為坐北迴鐵路火車而來的，古早用竹葉包裹的飯包，到後來竹片盒子，都是販售便當的始祖。

　　便當說穿了其實是方便的象徵，從古早為了填飽肚子而來，到現在是美食的一種特殊表現，它的演進，從簡單到多元，可以是自家的美味，也可以是很多人喜愛的美食，這麼好的一種飲食表現，大家都喜歡的！

製作一份美味的家庭式便當，說麻煩，嗯，有一點！說不麻煩，嗯，還真是不麻煩！只要用一點心思，其實，真的不麻煩，最主要是讓自己跟家人吃的營養又衛生，就一個小小飯盒，它的意義是很大的呢！

雖然製作便當不麻煩，可是有些原則還是需要注意的，因為這些都是讓一個便當好吃與否的加分要件。

## 便當的基本認識

便當，就大家認知是把菜、飯裝在飯盒裡而已，其實大有學問呢！首先，便當就有分「加熱」及「不加熱」的兩種。所謂「加熱」也就是飯盒經過蒸、微波等加熱動作，讓飯盒的食物變熱再食用；「不加熱」也就是飯盒裡的食物適合冷食的。

不過就是加熱和不加熱，這有什麼好認真呢？其實飯盒加不加熱，就足以影響一個飯盒裡食物好不好吃的重要要素，因為它會影響配菜的原則。配菜可說是製作便當最主要的步驟，所以當一個最重要步驟錯誤時，大家想想，您帶的便當會好吃嗎？需要加熱的食物，如果冷冷的吃，味道、口感絕對跟熱騰騰時的感覺不一樣；即使是加熱，蒸和微波出來的口感也會不一樣；而一份涼麵如果加熱後，它的味道、口感還會一樣嗎？所以，大家一定要認識這樣的基本知識。

## 便當的第一要角

對便當有了基本認識後，那麼，帶便當第一個重要角色就是——便當盒。現在市面上的便當盒種類很多，有最傳統的鐵飯盒，還有微波專用的飯盒，另外飯盒的大小、造型各式各樣，只是一個便當，飯盒的造型就足夠吸引人了。

當您想要帶便當時，首先您先要瞭解自己的食量，這樣才好採買容量大一點，或小一點的飯盒。市面上的飯盒種類很多，有適合小朋友用的容量及圖案，有適合食量大一點的青少年、男性朋友或是勞工朋友，也有適合上班族女性，所以先考量自己食量再來選擇。再來，您常會準備的菜色，是以蒸的方式多，還是微波方式多，也是選用飯盒的基準，不過，建議您，最好適合蒸及微波的飯盒各準備一個，使用起來比較方便。像微波用飯盒，除了微波用之外，還可以帶冷食，當成保鮮盒使用，所以工具準備齊全一點，比較不會讓帶便當有所侷限。

## 便當配菜原則

這個步驟最重要，因為一個便當好不好吃，吸不吸引人，重點就在配菜。

### 白飯為底的便當

1. 要有一個主菜，這個主菜以味道重、下飯的菜為主。

2. 副菜最好要兩三樣，可以選擇清淡一點的菜色，像是青菜類等，因為主菜已經是下飯菜了，如果這裡又用重口味的，那吃完整盒便當，一定要喝下不少水，因為會太鹹了。

3. 菜色要選擇不容易變色、變味的。像青菜是最容易變色、變味的，所以選用青菜時，最好注意。像高麗菜、大白菜、小白菜……等，是比較適合的。加熱便當，尤其是蒸的方式，最容易變味，所以這點千萬要特別注意，免得高高興興帶便當，可是當開蓋時的怪味，可能就會破壞吃飯興致了。

4. 菜色最好有不一樣的烹調方式，像是炒的、滷的、煎的，有不一樣的變化，這樣口感會比較豐富。

5. 每個年齡層有不同需要，像是發育期的孩子，菜色要營養均衡一點，量大一點；上班族，纖維質多一點，量夠飽就可以，因為坐辦公室代謝不容易。這些都需要考量的。

## 加味飯為底的便當

1. 加味飯也就是炒飯類的便當，一般而言若以這樣的飯為主，它就是主菜了。

2. 如果炒飯的配料很豐富，不一定需要其他配菜，但是可以看情況搭配一些小菜，增加口感，像炒酸菜、醃漬黃蘿蔔等。

## 冷食便當

1. 這類便當，一般像是三明治、壽司、涼麵，基本上就是主菜了。

2. 這類主菜，其配料本身就滿豐富的，所以配菜只是增加口感，可選用泡菜、涼拌青菜等。

## 裝便當的基本原則

　　知道便當的基本配菜後，把便當菜裝入飯盒內，也是一門學問喔！

1. 便當基本是要吃飽，所以飯跟菜的比例，最好是飯4：菜6。除非是炒飯類、麵食，或是減肥餐。

2. 您準備好的菜、飯，必須已經全部放涼了，不然有的涼、有的熱，這樣容易變質，全部放涼再裝、再蓋蓋子。

3. 便當菜一定是要全熟的，不要想說還會加熱，就有的生、有的熟，否則容易變質。

4. 裝入便當時，菜汁最好瀝乾淨，不然會把便當盒搞得亂七八糟，如果是一定有湯汁的菜色，那就另外裝一個小盒。像現在的飯盒，有的會分兩層，有裝白飯一層，一層裝菜，這樣可以使飯不會沾到湯汁，在加熱後飯不會糊糊濕濕的。

## 如何做出不一樣的便當菜

很多人今天的晚餐,可能就是明天的便當菜,開始可能還可以接受,久了可能就會膩,但是要每天都準備不一樣的便當菜色,也不太可能,所以可以好好把剩下的菜色加以變化出不一樣的料理,或是利用小配菜來變化。

像泡菜、醃菜等,可以多做一些,就可以隨時拿來做搭配,不要小看這些小菜喔!它們可是變化口感的大功臣呢!

還有像滷菜,如果沒吃完,可以另外增加別的材料,這樣有新鮮食材重新加入,不但有原先材料的味道可以吸收,還有新材料味道的釋放,新舊結合,就是一道新口味的佳餚了。

青菜沒吃完時,可以加一些菇類再炒過,也有不一樣的味道;或是加在白飯裡,做成菜飯,也是一個不錯的選擇。

剩飯,更是可以好好利用,像是炒飯、包飯糰、包壽司,都是不錯的利用。

一個便當,不一定是新菜,也不一定是舊菜,是可以新舊做變化的,這樣不但是為了吃飽,更是提升中午用餐樂趣,您不妨試試。讓家人都可以享受到您的愛心美味!

# 小朋友媽媽
# 愛心飯盒

學校有營養午餐，嗯，很方便！
媽媽的愛心飯盒，嗯，更好吃！
這裡色、香、味通通都有，
媽媽的用心，全部都在飯盒裡！

# 黃金翡翠飯盒。 [雙色炒飯+滷黑豆乾+燙綠花椰菜]

## 雙色炒飯

材料：

白飯1又1/4碗、菠菜末2大匙、
蛋1個

調味料：

鹽少許、油3大匙

作法：

1. 將白飯均分成兩份，取一份與蛋液混合拌勻。

2. 起鍋，加入2大匙油，倒入蛋汁飯拌炒至蛋液收乾，加入少許鹽調味，即為蛋汁包裹的黃金飯。

3. 另起鍋，加入1大匙油，把剩下一份白飯放入拌炒片刻，加入菠菜末拌炒均勻，加少許鹽調味，即為翡翠炒飯。

## 滷黑豆乾

材料：

市售真空包滷黑豆乾1塊（或黑豆乾4塊）、八角1粒

調味料：

醬油4大匙、糖2大匙、
油2大匙

作法：

1. 如選用市售真空包滷黑豆乾，直接切片即可。

2. 自製滷黑豆乾，將黑豆乾放入鍋裡，加入醬油、1杯水、八角、油及糖，先開大火煮滾，再轉小火慢慢滷至入味即可。

## 燙綠花椰菜

材料：

綠花椰菜3兩

調味料：

鹽1/3小匙、香油1大匙

作法：

綠花椰菜洗淨後分切小朵，放入燒開的滾水中，煮熟後撈出瀝乾，加入鹽、香油拌勻即可。

# 珍珠丸子飯盒。[ 珍珠丸子+番茄炒蛋+燙甜豆 ]

## 珍珠丸子

材料：

長糯米1杯、傳統豆腐2方塊、香菇丁2大匙、去皮荸薺3粒、香菜末1大匙、胡蘿蔔2大匙

調味料：

鹽半小匙、胡椒粉1/4小匙、太白粉2大匙

作法：

1. 長糯米洗淨，泡水約2小時後瀝乾待用。糯米須先浸泡水，可縮短蒸煮時間，餡料才不會乾硬。
2. 傳統豆腐用乾淨紗布擠乾水分，成豆腐泥；荸薺洗淨，用刀背拍碎後，擠乾水分待用。
3. 把豆腐泥、碎荸薺、香菇丁及香菜末混合拌勻，加入所有調味料攪拌均勻即為餡料。
4. 左手抓餡料，以手掌虎口擠出小圓球後，均勻沾裹上長糯米、胡蘿蔔末，排入已燒開水的蒸籠裡，以中火蒸約20分鐘即可。

## 番茄炒蛋

材料：

蛋1個、牛番茄1個

調味料：

鹽1/3小匙、油2大匙

作法：

1. 蛋去殼後打散；番茄去蒂後洗淨，切成片狀。
2. 起鍋，加入油，先把蛋液倒入，炒至快凝固時，再加入番茄一起拌炒片刻，最後加鹽調味即可盛出食用。

## 燙甜豆

材料：

甜豆2兩

調味料：

鹽1小匙

作法：

將甜豆撕除兩旁老筋後洗淨，放入加鹽滾水中汆燙1分鐘，撈出即可。

# 蛋包飯飯盒。

[ 蛋包飯+炸素雞塊+生菜 ]

## 蛋包飯

材料：

蛋1個、白飯1碗

調味料：

鹽1/3小匙、番茄醬2大匙、
油1大匙又少許

作法：

1. 起鍋，加入油，把白飯與調味料放入拌炒均勻，
   即為紅飯待用。

2. 另準備一只平底鍋，鍋裡抹少許油，倒入打散的
   蛋液，搖晃鍋子使蛋液均勻布滿鍋面呈一圓形片
   狀，待將凝固時，中間放入炒好的紅飯，夾起一
   邊蛋片覆蓋成半月形即可。

3. 裝入便當盒中，擠點番茄醬裝飾，以增加食欲。

## 炸素雞塊

材料：

冷凍素雞塊3至5塊

調味料：

炸油3杯

作法：

鍋中放油燒至七分熱（約170℃），放入素雞塊，以
中小火炸至金黃即可。

## 生菜

可選用西生菜或廣東A菜，摘取幾葉，洗淨瀝乾，即可生食。

# 香酥肉排飯盒。[ 香酥肉排+豆腸炒高麗菜+
玉米粒+白飯 ]

## 香酥肉排

材料：

冷凍香酥素肉排2塊

調味料：

炸油3杯

作法：

鍋中放油燒至七分熱（約170℃），放入素肉排，以
中小火炸至金黃即可。

## 豆腸炒高麗菜

材料：

高麗菜4兩、炸豆腸1條、
新鮮香菇1朵、胡蘿蔔絲少許

調味料：

鹽半小匙、香菇粉1/3小匙、
香油1小匙、油2大匙

作法：

1. 高麗菜洗淨，剝成片狀；豆腸切小寸段；香菇洗
淨，切片。

2. 起鍋，加入油，先炒香菇片，再加入高麗菜、豆
腸段及胡蘿蔔絲拌炒至軟，最後加入其餘調味料
拌勻即可盛出。

## 玉米粒

選用罐頭品2大匙即可。罐頭的玉米粒可以隨時取用，非常方便。甜甜玉米味，小孩子
都非常喜歡。

# 三色蛋飯盒。

[ 三色蛋+薑燜南瓜+
甜不辣炒甜豆+海苔香鬆飯 ]

## 三色蛋

材料：

雞蛋、鹹鴨蛋、皮蛋各2個

作法：

1. 鹹鴨蛋、皮蛋分別剝去外殼，切小塊待用。

2. 雞蛋去殼，打散後加入1/4杯水及鹹蛋塊、皮蛋塊混合拌勻，接著準備一只長方形鐵製便當盒，裡面鋪上玻璃紙，將混合好的蛋料倒入。

3. 蒸鍋燒開熱水，把便當盒放入，以中火蒸約17分鐘，取出放涼，再以利刀切片即可。

4. 取3片帶飯盒，其餘放入冰箱冷藏。

（鹹鴨蛋本身有味道，可以不用加鹽調味。）

## 薑燜南瓜

材料：

南瓜1/4個、薑絲1大匙

調味料：

鹽1/4小匙、香菇粉1/4小匙、油2大匙

作法：

1. 南瓜洗淨，去籽，不去皮直接切成塊狀。

2. 起鍋，加入油，放入薑絲炒香，再加入南瓜塊拌炒片刻，隨後加入半杯水及其餘調味料一起燜煮約4分鐘，待南瓜軟爛即可。

## 甜不辣炒甜豆

材料：

素甜不辣2兩、甜豆2兩

調味料：

醬油3大匙、香菇粉1小匙、油2大匙

作法：

1. 甜豆撕除兩旁老筋後，洗淨。

2. 起鍋，加入油，放入甜豆及素甜不辣拌炒片刻，接著加入3大匙水及其餘調味料，燜煮約2分鐘即可。

## 海苔香鬆

取用適量直接撒在飯上，增添白飯的美味。在超市可以買到，有多種口味，切記挑選素食可用的。

# 凱蒂貓飯盒。

[ 凱蒂貓造型飯+千層蛋+
四季豆炒玉米+炸小熱狗 ]

## 凱蒂貓造型飯

材料：

白飯1碗、蛋片1小片、熟香菇丁
半朵、海苔少許、胡蘿蔔1片

作法：

將白飯填入凱蒂貓造型飯盒裡，以蛋片當鼻子、香
菇丁當眼球、海苔剪成絲當鬍鬚、胡蘿蔔片修成蝴
蝶結當髮飾即可。

## 千層蛋

作法請參考第37頁千層蛋作法，取用2片。

## 四季豆炒玉米

材料：

四季豆2兩、罐頭玉米粒2大匙

調味料：

鹽少許、油2大匙

作法：

1. 四季豆撕除兩旁老筋後，洗淨，切小段。
2. 起鍋，加入油，先放入四季豆拌炒片刻，再加2大
   匙水，燜軟後放入玉米粒及鹽拌炒均勻即可。

## 炸小熱狗

材料：

素熱狗3條

調味料：

炸油1杯

作法：

鍋中放入炸油燒至七分熱（約170℃），放入素熱
狗，以中小火炸至金黃即可。

# 青少年營養飯盒

補充體力、均衡營養，就在這裡出現！
飯量足，菜色好，
吃素一樣吃得飽，吃得好。
依照青少年營養需求設計，
讓你能夠頭好壯壯，好健康！

# 三杯素雞飯盒。

[ 三杯素雞+番茄炒高麗菜+
油燜皇帝豆+咖哩大頭菜+白飯 ]

## 三杯素雞

材料：

炸麵圓3個、薑4片、
紅辣椒1根、九層塔葉半碗

調味料：

香油2大匙、醬油2大匙、
米酒2大匙、糖1大匙

作法：

1. 炸麵圓剝成小塊；辣椒洗淨，切斜片；九層塔葉
   洗淨待用。
2. 起鍋，加入香油，以小火把薑片、辣椒片先炒
   香，再加入炸麵圓及其餘的調味料，以小火燜煮
   至入味，起鍋前加入九層塔葉拌勻即可。
   （三杯素雞也可選用素食專賣店裡現成品，只需
   要油鍋加熱，加少許油炒香薑片、辣椒，加入素
   雞及九層塔混合拌勻即可，不需要加任何調味
   料。）

## 番茄炒高麗菜

材料：

高麗菜1/4個、番茄1個

調味料：

鹽半小匙、油2大匙

作法：

1. 高麗菜洗淨，剝成片狀；番茄去蒂後洗淨，切小
   片待用。
2. 起鍋，加入油，放入高麗菜及番茄片拌炒片刻，
   待材料炒軟時，加鹽調味即可。

## 油燜皇帝豆

材料：

皇帝豆6兩

調味料：

醬油3大匙、香菇粉1小匙、
油1大匙

作法：

1. 皇帝豆洗淨，瀝乾待用。
2. 起鍋，加入油，放入皇帝豆拌炒片刻，接著加入
   醬油、香菇粉及1杯水，以小火燜煮約4分鐘，待
   豆子變軟即可。

## 咖哩大頭菜

材料：

大頭菜1個、薑黃1大匙

調味料：

鹽1小匙、糖半杯、白醋半杯

作法：

1. 大頭菜去皮後洗淨，切成約4公分長段，加鹽拌醃
   約半小時至軟，倒除苦水，再用冷開水沖洗一
   下，瀝乾。
2. 將薑黃及糖、白醋混合拌勻，加入醃軟的大頭菜
   浸泡一夜，使其入味即可。

# 素咕咾肉飯盒。[ 素咕咾肉+芝麻牛蒡+ 蘆筍白果+白飯 ]

## 素咕咾肉

材料：

麵腸2條、薑末1小匙、
青椒半個

調味料：

（1）醬油2大匙、糖半小匙、五
　　香粉1/4小匙、太白粉1大匙
（2）番茄醬4大匙、糖1大匙、鹽
　　1/4小匙、太白粉半小匙
（3）炸油3杯、油1大匙

作法：

1. 麵腸以手剝成小塊，加入調味料（1）拌醃20分
   鐘；青椒去籽後洗淨，切小塊。
2. 炸油燒至七分熱（約170℃），放入醃好的麵腸，
   以中小火炸至微黃即可撈出待用。
3. 另起鍋，加入油，先炒香薑末，再加入調味料（2）
   及4大匙的水，以中火煮滾後，放入炸黃的麵腸及
   青椒塊，燴炒一下即可盛出。

## 芝麻牛蒡

材料：

牛蒡半條、熟白芝麻半小匙

調味料：

醬油2大匙、味醂2大匙、
油3大匙

作法：

1. 將牛蒡去皮後洗淨，削薄片，浸泡一下薄醋水，
   以防氧化變褐色。
2. 起鍋，加入油，放入牛蒡片拌炒片刻，加入其餘
   調味料及2大匙水一起燜煮至軟。
3. 起鍋前，撒上白芝麻即可。

## 蘆筍白果

材料：

蘆筍4兩、罐頭白果8粒

調味料：

鹽、胡椒粉各少許、
油1大匙

作法：

1. 蘆筍洗淨，切小段。
2. 起鍋，加入油，放入蘆筍段拌炒片刻，加2大匙水
   燜軟，再加入白果及其餘調味料，拌勻即可盛
   出。

# 照燒豆包飯盒。 [ 照燒豆包+胡蘿蔔炒蛋+薑絲粉豆+炒酸菜+白飯 ]

## 照燒豆包

**材料：**

炸豆包2片、熟白芝麻少許

**調味料：**

醬油4大匙、味醂2大匙

**作法：**

1. 鍋裡放入4大匙水及調味料，以中火煮滾後，加入炸豆包，轉小火燜煮至汁液微乾即可，起鍋前撒上白芝麻。
2. 取出豆包，切成長方片。

## 胡蘿蔔炒蛋

**材料：**

蛋1個、胡蘿蔔絲4大匙

**調味料：**

鹽1/3小匙、油3大匙

**作法：**

1. 蛋去殼，打散備用。
2. 起鍋，加入油，先放入胡蘿蔔絲炒軟，再倒入蛋液，拌炒至凝固時，加鹽調味即可。

## 薑絲粉豆

**材料：**

粉豆4兩、薑絲1小匙

**調味料：**

鹽1/3小匙、香油1小匙、油2大匙

**作法：**

1. 粉豆撕除兩旁老筋後，以手掰成小段，洗淨。
2. 起鍋，加入油，放入薑絲，以中火炒香，再加入粉豆拌炒片刻，接著加4大匙水及鹽，一起燜煮至粉豆變軟，滴入香油即可盛出。

## 炒酸菜

**材料：**

酸菜絲半斤、薑末1大匙、紅辣椒末1小匙

**調味料：**

醬油2大匙、糖1大匙、油4大匙

**作法：**

1. 酸菜絲洗淨，浸泡冷水約5分鐘後瀝乾待用。
2. 起鍋，加入油，先放入薑末、辣椒末炒香後，加入酸菜絲拌炒片刻，接著加入其餘調味料及3大匙水，以中火炒至汁液收乾即可盛出。

（酸菜泡水不可太久，否則獨特酸味會消失。）

# 醬燒酡環飯盒。 [ 醬燒酡環+芹菜素肉絲+ 玉米粒+白飯 ]

## 醬燒酡環

材料：

麵腸2條、熟白芝麻少許

調味料：

醬油4大匙、糖1又1/2大匙、
炸油2杯

作法：

1. 將麵腸切成1公分寬的圓圈段，然後放入燒至七分熱的炸油裡，炸至微黃即可撈出，瀝乾油待用。炸過的麵腸口感較Q，有咬勁。

2. 另外的鍋裡放入1杯半的水及調味料，以大火煮滾後，放入炸黃的麵腸圈，轉小火燜煮至汁液微乾即可，起鍋前撒上白芝麻。

## 芹菜素肉絲

材料：

素肉絲2大匙、芹菜4兩、
胡蘿蔔絲1大匙

調味料：

鹽、香菇粉各半小匙、香油1小匙
油4大匙

作法：

1. 素肉絲泡水至軟後擠乾水分待用。

2. 芹菜摘掉葉子，洗淨切寸段。

3. 起鍋，加入油，先放入素肉絲，以小火拌炒一下，再加入胡蘿蔔絲、芹菜段及2大匙水一起炒軟後，加入其餘調味料拌勻即可。

## 玉米粒

選用罐頭品2~3大匙即可。罐頭的玉米粒可以隨時取用，非常方便。甜甜玉米味，小孩子、大人都非常喜歡。

# 千層蛋飯盒。

## 千層蛋

**材料：**
蛋5個，胡蘿蔔末、香菜根末
各半小匙

**調味料：**
鹽半小匙、味醂2大匙、
油少許

**作法：**
1. 蛋去殼，打散後加入胡蘿蔔末、香菜根末及鹽、味醂，混合拌勻待用。
2. 準備玉子燒長方形平底鍋，鍋裡抹油，舀入一杓蛋液，搖晃鍋子使蛋液均勻布滿鍋面，待蛋液凝固時，從一邊捲起至另一端成長方條，再抹一層油，再舀入一杓蛋液，同樣搖晃鍋子使蛋液均勻布滿，待蛋液快凝固時，從長方條蛋片往回捲成較厚的蛋片，如此重複將蛋液用完，即成厚厚的千層蛋。取出，切厚片。
3. 玉子燒長方形平底鍋在超市很方便買到，便宜又好用。

## 香菇炒大白菜

**材料：**
新鮮香菇2朵、大白菜1/4棵

**調味料：**
鹽及香菇粉各少許、
香油1小匙、油3大匙

**作法：**
1. 香菇洗淨，切厚片；大白菜洗淨，切粗絲待用。
2. 起鍋，加入油，先放入香菇片炒香，再加入大白菜炒軟，最後加入其餘調味料拌勻即可。

## 九層塔茄子

**材料：**
茄子2條、紅辣椒1根、
九層塔葉半碗

**調味料：**
醬油2大匙、糖1小匙、
油1大匙

**作法：**
1. 茄子去蒂後洗淨，切小寸段，接著放入燒熱的半鍋炸油裡，以中火炸軟，撈出瀝乾油待用。
2. 辣椒洗淨，斜切片；九層塔葉洗淨。
3. 起鍋，加入油，先炒香辣椒，再加入茄子、醬油、糖及4大匙水，蓋上鍋蓋，以中小火燜煮片刻，起鍋前放入九層塔葉，拌勻即可。

## 薑絲炒洋菇

**材料：**
洋菇5朵、薑絲1大匙

**調味料：**
鹽、香菇粉各少許、油2大匙

**作法：**
1. 洋菇洗淨，切厚片。
2. 起鍋，加入油，先炒香薑絲，再放入洋菇片拌炒至軟後，加入鹽及香菇粉拌勻即可。

## 海苔香鬆

取用適量，直接撒在飯上。在超市可以買到，有多種口味，切記挑選素食可用的。

# 熱狗西芹飯盒。[ 熱狗西芹+香滷豆輪+<br>咖哩大頭菜+白飯 ]

## 熱狗西芹

**材料：**

素熱狗1條、西洋芹菜2支、
紅辣椒1根

**調味料：**

鹽及香菇粉各少許、香油1小匙、
油2大匙

**作法：**

1. 素熱狗斜切片；西洋芹菜撕除老筋後洗淨，切斜片；辣椒洗淨，切斜片待用。

2. 起鍋，加入油，放入辣椒片，以中火炒香，再放入素熱狗片、西洋芹菜及2大匙水拌炒片刻，最後加入其餘調味料炒勻即可。

## 香滷豆輪

**材料：**

豆輪2兩、八角1粒

**調味料：**

醬油1/4杯、糖2大匙

**作法：**

1. 將豆輪泡水至軟後擠乾水分待用。

2. 鍋裡放入八角、調味料及2杯水，以大火煮滾，放入泡好的豆輪，以中小火慢滷至入味約15分鐘即可盛出食用。

## 咖哩大頭菜

請參考第29頁三杯素雞飯盒的「咖哩大頭菜」作法。

# 紅麴麵腸飯盒。

紅麴麵腸+涼拌白綠花椰菜+
臭豆腐乾+白飯

## 紅麴麵腸

材料：

麵腸2條、薑末1小匙

調味料：

紅麴醬4大匙、糖1大匙、
油1大匙

作法：

1. 麵腸以手剝成小片，放入鍋裡，以少許油煎至微黃，取出待用。
2. 另起鍋，加入油，放入薑末炒香，再加入其餘調味料拌勻，煮滾後加入煎好的麵腸一起燴炒片刻即可盛出。

## 涼拌白綠花椰菜

材料：

白花椰菜1/4棵、綠花椰菜1/4棵

調味料：

鹽少許、香菇粉少許、香油1大匙

作法：

1. 將白、綠花椰菜洗淨，分切小朵。
2. 燒開半鍋水，將花椰菜放入燙煮2分鐘後撈出，瀝乾，再加入調味料拌勻即可。

## 臭豆腐乾

取用市售素食臭豆腐乾，切小片，即可食用。素食臭豆腐乾在大賣場、超市、傳統市場素食舖均可以買到。

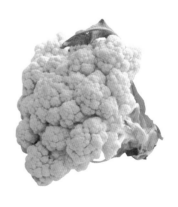

青少年營養飯盒 | 41

# 五目炊飯飯盒。

## 五目炊飯

材料：

白米3杯、乾香菇3朵、
胡蘿蔔半條、牛蒡半條、
黃豆半碗、蒟蒻1片

調味料：

油3大匙

作法：

1. 將黃豆浸泡水一夜，取出瀝乾；白米洗淨，瀝乾待
   用。
2. 香菇以水泡軟後切丁；胡蘿蔔洗淨、切丁；牛蒡
   去皮後洗淨、切丁；蒟蒻以滾水汆燙後切丁。
3. 起鍋，加入油，先放入香菇丁炒香，再加入牛
   蒡、黃豆、蒟蒻、胡蘿蔔及白米一起拌炒片刻，
   接著把炒好的材料盛入電子鍋裡，內鍋加3杯水後
   按下開關，待開關跳起，燜一下即可盛出。

## 咖哩白花椰菜

材料：

白花椰菜半棵、咖哩粉1小匙

調味料：

鹽、香菇粉各1/3小匙、
油2大匙

作法：

1. 將白花椰菜洗淨，分切小朵。
2. 起鍋，加入油，放入白花椰菜拌炒片刻，然後加
   入咖哩粉以小火一起炒香，再加入1/2杯水及其餘
   調味料，燜煮至軟即可。

## 滷蛋

材料：

蛋6個、八角1粒

調味料：

醬油1/4杯、糖1大匙、鹽1大匙

作法：

1. 將蛋放入鍋裡，加入冷水蓋過蛋的表面，開瓦
   斯，加入鹽，以中火煮滾，轉中小火約煮7分鐘，
   撈出沖涼，趁熱剝除蛋殼。
2. 醬油、糖及1杯水放入小鍋裡，以大火煮滾後加入
   八角、水煮蛋，以小火滷15分鐘，熄火，繼續浸
   泡半天即可。

## 豆棗

甜甜的口感，很好吃。在傳統市場的醬菜舖或素食店就可以買到。

# 素辣子雞丁 飯盒。 [ 素辣子雞丁+滷海帶結+素炒甜椒+白飯 ]

## 素辣子雞丁

材料：

麵腸2條、去皮荸薺4粒、
青豆1兩、薑末1大匙

調味料：

辣豆瓣醬1大匙、醬油2大匙、
糖1大匙、烏醋1大匙、
炸油3杯、油1大匙

作法：

1. 麵腸切大丁，放入燒至七分熱的炸油裡，以中火炸至微黃即可撈出，瀝乾油待用；青豆洗淨。

2. 荸薺洗淨，煮熟後切丁；青豆洗淨。

3. 起鍋，加入油，先炒香薑末，再加入荸薺丁、炸好的麵腸丁、青豆及辣豆瓣醬拌炒片刻，最後加入醬油、糖及烏醋、2大匙水拌炒均勻即可起鍋。

## 滷海帶結

材料：

海帶結6兩、八角1粒

調味料：

醬油5大匙、糖2大匙

作法：

在乾淨的鍋子裡加入八角、調味料及1杯半的水，以大火煮開後放入海帶結，轉小火慢滷約10分鐘即可。（海帶滷太久，會過爛，不好吃。）

## 素炒甜椒

材料：

青、黃、紅甜椒各1/4個

調味料：

鹽、香菇粉各少許、
油2大匙

作法：

1. 三色甜椒分別去籽後洗淨，切絲。

2. 起鍋，加入油，放入甜椒絲拌炒一下，加入2大匙水及其餘調味料，炒至軟化即可。

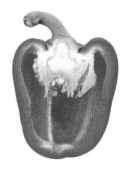

# [上班族
# 美味飯盒]

向外食說Bye-Bye！
一點巧思，一點用心，
油膩不見了，營養多很多。
不管是男生，還是女生，
不管勞工，還是白領級，
全部為你設想周到，
你會發現——自己帶便當，嗯，真好！

# 素香腸飯盒。○ ［ 素香腸+香根乾絲+
花椰菜炒胡蘿蔔+白飯 ］

## 素香腸

材料：

麵腸3條、乾香菇3朵、
紅糟2大匙、豆皮2張

調味料：

醬油1大匙、糖2大匙、
五香粉1/4小匙

作法：

1. 麵腸以手剝成片狀後，切絲；香菇用水泡軟，切
   絲待用。

2. 將麵腸絲、香菇絲、紅糟及調味料混合拌勻，靜
   置醃約20分鐘使其入味，即為餡料。

3. 豆皮1張攤平，鋪上一半的餡料後捲成圓筒狀，排
   在抹油的蒸盤裡，另一卷做好後移入已燒開水的
   蒸鍋內，以中火蒸約8分鐘，取出放涼。

4. 食用時，以平底鍋抹少量油，中小火煎至兩面微
   黃即可，斜切片食用。

## 香根乾絲

材料：

五香豆乾3片、香菜2兩

調味料：

鹽、香菇粉各少許、
油3大匙

作法：

1. 五香豆乾切細絲；香菜去葉取梗，洗淨，切小寸
   段待用。

2. 起鍋，加入油，以小火將豆乾絲煸炒至微黃時，
   加入其餘調味料拌勻，起鍋前加入香菜根拌炒一
   下即可。

## 花椰菜炒胡蘿蔔

材料：

白、綠花椰菜各1/6棵、
胡蘿蔔1/4條

調味料：

鹽少許、香油1小匙
油2大匙

作法：

1. 白、綠花椰菜洗淨，分切小朵；胡蘿蔔去皮後洗
   淨，切圓片待用。

2. 起鍋，加入油，放入白、綠花椰菜及胡蘿蔔片拌
   炒一下，然後加3大匙水煮軟，最後加其餘調味料
   拌勻即可。

# 木須素肉飯盒。[ 木須素肉+涼拌素雞+<br>素炒雪裡蕻+白飯 ]

## 木須素肉

材料：

素肉絲1兩、乾香菇2朵、
胡蘿蔔絲2大匙、芹菜4兩、
黃豆芽4兩

調味料：

鹽半小匙、香菇粉1/4小匙、
胡椒粉少許、香油1大匙、
油3大匙

作法：

1. 素肉絲浸泡清水至軟後擠乾水分；香菇以水泡軟，切絲；芹菜摘掉葉子後洗淨，切小段；黃豆芽洗淨待用。

2. 起鍋，加入油，先放入素肉絲炒香後，加入香菇絲、胡蘿蔔拌炒片刻，接著放入芹菜、黃豆芽炒軟，最後加入其餘調味料拌勻即可。

## 涼拌素雞

材料：

素雞2條

調味料：

醬油膏2大匙、辣豆瓣醬半小匙、
糖半小匙、香油1大匙

作法：

1. 素雞斜切片，放入事先燒開的滾水中汆燙一下，撈出瀝乾。

2. 把燙好的素雞片與全部調味料混合拌勻即可。

## 素炒雪裡蕻

材料：

雪裡蕻4兩、紅辣椒1根

調味料：

鹽1/4小匙、糖1/4小匙、
香油1小匙、油3大匙

作法：

1. 雪裡蕻去除硬梗老葉，徹底清洗乾淨後擠乾水分，切成末；辣椒洗淨，切圓圈片。

2. 起鍋，加入油，將辣椒拌炒一下，再加入雪裡蕻拌炒，最後加入其餘調味料炒勻即可。

# 紅麴素肉排飯盒 ○ ［ 紅麴素肉排+滷百頁結+ 鮮菇炒高麗菜+海苔香鬆飯 ］

## 紅麴素肉排

材料：

粗香菇蒂6個、紅麴醬2大匙、
麵包粉3大匙

調味料：

鹽1/3小匙、糖1大匙、
香油1大匙、炸油半鍋

作法：

1. 香菇蒂以水泡軟後擠乾水分，每個以刀背拍扁，
隨後加入紅麴醬及除炸油外調味料拌醃約10分
鐘。

2. 將醃好的香菇蒂均勻沾裹上麵包粉，然後放入燒
至七分熱的炸油裡，以中火炸至表面香酥即可取
出。

## 滷百頁結

材料：

百頁結4兩、八角1粒

調味料：

醬油5大匙、糖1又1/2大匙

作法：

準備乾淨的鍋子，加入調味料及1杯半水，先以大火
煮滾後，加入八角及百頁結，轉小火慢滷約10分鐘
即可盛出。

## 鮮菇炒高麗菜

材料：

高麗菜1/4棵、新鮮香菇2朵、
胡蘿蔔片少許

調味料：

鹽1/3小匙、香菇粉1/3小匙、
香油1小匙、油3大匙

作法：

1. 高麗菜洗淨，以手剝成片狀；新鮮香菇洗淨，去
蒂，切厚片。

2. 起鍋，加入油，先放入香菇片炒香，再加入高麗
菜及胡蘿蔔片，炒軟後加入其餘調味料拌勻即可
盛出。

## 海苔香鬆

取用適量，直接撒在飯上。在超市可以買到，有多種口味，切記挑選素食可用的。

# 魚香素肉絲飯盒 。 [ 魚香素肉絲+高麗菜炒胡蘿蔔 +燜蠶豆+白飯 ]

## 魚香素肉絲

材料：

素肉絲2兩、黑木耳1朵、
去皮荸薺3粒、薑末1大匙

調味料：

辣豆瓣醬1大匙、醬油2大匙、
糖半小匙、油3大匙

作法：

1. 素肉絲泡水至軟後擠乾水分；木耳去蒂，洗淨後切絲；荸薺洗淨，煮熟後切絲。

2. 起鍋，加入油，先炒香薑末，再加入素肉絲拌炒片刻後，加入木耳絲、荸薺絲拌炒一下，接著加入辣豆瓣醬一起拌炒至香味出來後，加入醬油、糖及4大匙水，以大火煮滾即可熄火，盛出食用。

## 高麗菜炒胡蘿蔔

材料：

高麗菜1/4棵、胡蘿蔔1/4條

調味料：

鹽半小匙、香油1小匙、
油2大匙

作法：

1. 高麗菜洗淨，以手剝成片狀；胡蘿蔔去皮後洗淨，切絲。

2. 起鍋，加入油，放入高麗菜及胡蘿蔔絲一起拌炒至軟後，加入其餘調味料炒勻即可。

## 燜蠶豆

材料：

水泡蠶豆4兩、薑末1大匙

調味料：

鹽1/3小匙、油2大匙

作法：

1. 將蠶豆剝去外殼後洗淨。

2. 起鍋，加入油，炒香薑末後，放入蠶豆拌炒一下，接著加入1杯水，燜煮至軟，最後加鹽調味即可。

# 鮮菇炊飯飯盒。 [ 鮮菇炊飯+豆腸炒芥菜+辣炒黃豆芽 ]

## 鮮菇炊飯

材料：

白米2杯、鮮香菇6朵、
薑末1大匙

調味料：

香菇醬油2大匙、香菇粉1大匙、
胡椒粉1/4小匙、油3大匙

作法：

1. 白米洗淨，瀝乾水分；香菇去蒂後洗淨，切片。

2. 起鍋，加入油，先把薑末、香菇片炒香，再加入
   白米拌炒一下後，加入其餘調味料拌勻，隨後放
   入電子鍋裡，內鍋加2杯水，按下開關，待開關跳
   起，略燜一下即可開蓋。

## 豆腸炒芥菜

材料：

炸豆腸1條、小芥菜4兩、
紅辣椒1支

調味料：

鹽、香菇粉各1/3小匙、
胡椒粉少許、油2大匙

作法：

1. 炸豆腸切小段；小芥菜切除根部後洗淨，切寸
   段；辣椒去蒂洗淨，切片待用。

2. 起鍋，加入油，放入豆腸、小芥菜一起拌炒至軟
   後，加入其餘調味料拌勻即可。

## 辣炒黃豆芽

材料：

黃豆芽6兩

調味料：

韓式辣醬1小匙、鹽少許、
油1大匙

作法：

1. 黃豆芽摘去尾部，洗淨後瀝乾水分。

2. 起鍋，加入油，放入黃豆芽炒軟，再加入韓式辣
   醬及鹽拌炒均勻即可。

   （韓式辣醬如果不方便取得，可用辣豆瓣醬取
   代。）

# 素魚排飯盒。

## 素魚排

材料：

現成冷凍素魚排2片

調味料：

炸油3杯、黑胡椒少許

作法：

1. 素魚排解凍後，放入燒至七分熱的炸油裡，以中小火炸至金黃，撒上黑胡椒即可。

（素魚排可在素食專賣店購得。）

## 香炒桂竹筍

材料：

桂竹筍2支、薑末1大匙、
紅辣椒1根

調味料：

醬油3大匙、糖半大匙、油2大匙

作法：

1. 將桂竹筍沖洗一下後，撕成長條狀，再切成小段；辣椒洗淨，斜切片。
2. 起鍋，加入油，放入薑末及辣椒片，以中火炒香後，加入桂竹筍拌炒一下，接著加入其餘調味料及1杯水，以大火先燒滾，再轉小火，燒至汁液微乾即可盛出。

## 燙醜豆（粉豆）

材料：

醜豆4兩

調味料：

鹽少許、香油1小匙

作法：

將醜豆撕除兩旁老筋後洗淨，摺成小段，接著放入已燒開的滾水裡燙熟，撈出瀝乾，再加入調味料拌勻即可。

## 滷蛋

請參考第43頁五目炊飯飯盒的「滷蛋」作法。

## 辣蘿蔔乾

在傳統市場的醬菜舖或超市就可以買到。

# 素火腿豆包飯盒。

## 素火腿豆包

材料：

現成素火腿豆包1包、海苔末少許

調味料：

油少許

作法：

準備鍋子，抹少許油，將素火腿豆包放入，以小火煎至兩面微黃即可，取出切片，撒上海苔末。

## 筑前煮

材料：

牛蒡半條、乾香菇3朵、胡蘿蔔半條、蓮藕1節、蒟蒻1片

調味料：

香菇醬油4大匙、味醂3大匙、油3大匙

作法：

1. 將牛蒡去皮後切片，浸泡醋水；香菇以水泡軟後切片；胡蘿蔔去皮後洗淨，切小塊；蓮藕去皮後洗淨，切小塊；蒟蒻切小塊。
2. 起鍋，加入油，把香菇片炒香，再加入牛蒡、胡蘿蔔、蓮藕及蒟蒻一起拌炒片刻，然後加入其餘調味料及1杯半的水，以大火煮滾後轉小火，蓋上鍋蓋，燜煮至材料熟軟即可。

## 薑絲小芥菜

材料：

小芥菜6兩、薑絲1大匙

調味料：

鹽、香菇粉各少許，香油1小匙、油3大匙

作法：

1. 小芥菜挑除硬梗、老葉後洗淨，切小段。
2. 起鍋，加入油，放入薑絲，以中火炒香，再加入小芥菜，炒軟後加入其餘調味料拌勻即可。

# 素烏魚子飯盒。[ 素烏魚子+素蟹肉絲炒四季豆 +滷豆腸+白飯 ]

## 素烏魚子

材料：

現成素烏魚子3片

調味料：

油少許

作法：

起鍋，加入少許油，放入素烏魚子，將兩面略煎一下即可。

## 素蟹肉絲炒四季豆

材料：

素蟹肉絲2兩、四季豆4兩

調味料：

鹽少許、香菇粉少許、
香油1小匙、油2大匙

作法：

1. 四季豆撕除兩旁老筋後洗淨，斜切絲。

2. 起鍋，加入油，放入四季豆及素蟹肉絲拌炒片刻，接著加入4大匙水及其餘調味料，快速拌炒一下即可盛出。

## 滷豆腸

材料：

豆腸4兩

調味料：

醬油3大匙、糖1大匙、炸油3杯

作法：

1. 將豆腸先放入燒至七分熱的炸油裡，以中小火炸至微黃即可取出，瀝乾油待用。

2. 另外準備乾淨的鍋子，加入1杯水及其餘調味料，先以大火煮滾，放入炸好的豆腸，轉小火，慢滷約6分鐘即可，取出後切小段。

（豆腸可以買到炸好的現成品。）

# 煙燻素肉飯盒。 ［煙燻素肉+香炒甜豆+滷海帶結+ 廣東泡菜+白飯］

## 煙燻素肉

材料：

現成煙燻素肉半片

作法：

1. 以利刀斜切煙燻素肉成片狀即可。

   （現成煙燻素肉在素食專賣店可以買到。煙燻素肉是大麵腸剖成連刀的一大片，醃上鹽，入味後煙燻而成，冷食即可。）

## 香炒甜豆

材料：

甜豆4兩、薑末1小匙

調味料：

鹽、香油各少許、油2大匙

作法：

1. 甜豆撕除兩旁老筋後洗淨。

2. 起鍋，加入油，先炒香薑末，再加入甜豆拌炒片刻，再加入2大匙水及鹽、香油，蓋上鍋蓋，燜軟即可。

## 滷海帶結

材料：

海帶結4兩、八角1粒

調味料：

醬油4大匙、糖1大匙

作法：

海帶結洗淨，放入乾淨的鍋裡，加入八角、1杯水及醬油、糖，以大火煮滾後轉中小火，慢滷約10分鐘即可盛出。

## 廣東泡菜

材料：

白蘿蔔1小條、胡蘿蔔1/4條、小黃瓜1條

調味料：

鹽1大匙、糖半杯、白醋半杯

作法：

1. 將白蘿蔔、胡蘿蔔分別去皮後洗淨，斜切小菱形塊；小黃瓜洗淨，同樣斜切小菱形塊；把上述三種材料混合，加入鹽抓醃至軟化後倒除苦水，再用冷開水沖洗一遍，瀝乾。

2. 把糖、白醋混合拌勻，加入瀝乾的三種材料，醃泡約2小時，待其入味即可食用。

3. 喜愛辣者可加入辣椒片拌醃。

# 紅燒麵圓飯盒。[ 紅燒麵圓+番茄炒蛋+ 涼拌甜豆+白飯 ]

## 紅燒麵圓

材料：

炸麵圓3塊、熟白芝麻少許

調味料：

素蠔油4大匙、糖1又1/2大匙

作法：

1. 將麵圓以手剝成大片待用。
2. 準備乾淨鍋子，放入麵圓片、素蠔油、糖及1杯半水，先以大火煮滾，再轉小火，慢滷至入味即可。
3. 起鍋前撒上白芝麻，增加美味。

## 番茄炒蛋

材料：

蛋1個、牛番茄1個

調味料：

鹽、胡椒粉各少許、油3大匙

作法：

1. 蛋去殼，打散；番茄去蒂後洗淨，切小片。
2. 起鍋，加入油，先把蛋液倒入，炒至快凝固時加入番茄片，翻炒至軟，最後加入其餘調味料拌勻即可。

## 涼拌甜豆

材料：

甜豆2兩

調味料：

鹽、胡椒粉、香油各少許

作法：

1. 甜豆撕除兩旁老筋後洗淨。
2. 燒滾半鍋水，放入甜豆汆燙1分鐘，撈出瀝乾，再加入調味料拌勻即可。

# 蠔油雙冬飯盒。 [ 蠔油雙冬+素蟹肉絲炒山芹菜+海苔香鬆+白飯 ]

## 蠔油雙冬

**材料：**

冬菇4朵、冬筍2小支

**調味料：**

素蠔油4大匙、糖1大匙、
胡椒粉少許、炸油3杯

**作法：**

1. 將冬菇以水泡軟，若較大朵，可切對半，擠乾水分待用。
2. 冬筍去殼後洗淨，切片。
3. 將冬菇、冬筍片分別放入燒至七分熱的炸油裡，微黃時撈出，瀝乾油備用。
4. 準備乾淨的小鍋子，放入其餘調味料及1杯半水，以大火先煮滾，再放入炸好的冬菇及冬筍片，轉小火，慢滷至入味即可。

## 素蟹肉絲炒山芹菜

**材料：**

素蟹肉絲2大匙、山芹菜4兩、
胡蘿蔔絲1大匙

**調味料：**

鹽、胡椒粉各少許、油3大匙

**作法：**

1. 山芹菜洗淨，切小段。
2. 起鍋，加入油，放入胡蘿蔔絲及素蟹肉絲拌炒片刻，接著加入山芹菜，炒軟後加入其餘調味料拌勻即可。

## 海苔香鬆

取用適量直接撒在飯上，增添白飯的美味。在超市可以買到，有多種口味，切記挑選素食可用的。

# 香菇栗子飯盒。 [ 香菇栗子+白果津白+ 鰻魚球+海苔白飯 ]

## 香菇栗子

材料：

乾香菇4朵、乾栗子8粒、
八角1粒

調味料：

醬油5大匙、糖2大匙

作法：

1. 將栗子泡水一夜後，以牙籤挑除內膜，洗淨。
2. 香菇以水泡軟，去蒂，若較大朵，可對切兩半。
3. 把栗子、香菇、八角及調味料、2杯水一同放入乾淨的鍋子裡，以大火先煮滾，再以中小火慢慢滷至栗子鬆軟即可。

## 白果津白

材料：

罐頭白果8粒、
津白（天津大白菜心）6兩

調味料：

香菇粉及胡椒粉各少許、
香油1大匙、鹽半小匙、油2大匙

作法：

1. 將津白洗淨待用。
2. 起鍋，加入油，將津白放入拌炒片刻，接著加入白果及其餘調味料一起燜煮至津白熟軟即可。

（津白是冬季的菜，軟嫩鮮美。）

## 鰻魚球

材料：

現成包裝鰻魚球適量

作法：

1. 取適量的鰻魚球，放入微波爐中，以強微波加熱1分鐘即可。

（現成鰻魚球，美味可口，可在素食專賣店買到。）

## 海苔

取適量直接撒在飯上。可增添白飯的美味。

# 特製
# 減肥飯盒

甩掉贅肉、不要油脂，
減重需要靠自己。
這裡有絕佳瘦身美食，
不用餓肚子，不怕沒營養，
輕輕鬆鬆保有健康好身材！

# 全麥苜蓿芽卷飯盒。 [全麥苜蓿芽卷+水果]

## 全麥苜蓿芽卷

材料：

全麥餅皮1張、蘆筍2根、
蘋果1/3個、胡蘿蔔長條2條、
素肉鬆2大匙、苜蓿芽1碗

調味料：

素沙拉醬1大匙、油少許

作法：

1. 蘆筍切除硬梗後洗淨，放入滾水中汆燙2分鐘，撈出瀝乾；蘋果去皮去核後，切長條；苜蓿芽洗淨，徹底瀝乾水分待用。

2. 準備一只平底鍋，抹上少許油，將全麥餅皮放入，以小火把兩面煎至微黃，取出。

3. 把煎好的餅皮攤平，所有材料全部擺上，擠上素沙拉醬後，捲成圓筒狀，分切成4等份。

（可將蘆筍改成西洋芹菜或小黃瓜條。）

## 水果

減肥時，水果的選用需注意糖分，糖分過高的最好不要攝取太多。不妨多吃小番茄、芭樂葡萄柚等糖分不高，但纖維高的水果。

# 薏仁炒飯飯盒。 [ ]

## 薏仁炒飯

材料：

熟薏仁1碗、素火腿丁1大匙、
熟四季豆丁1大匙、
玉米粒1大匙、胡蘿蔔丁1大匙

調味料：

鹽少許、油1大匙

作法：

1. 起鍋，加入油，放入素火腿丁拌炒一下，再加入熟薏仁、四季豆丁、玉米粒及胡蘿蔔丁一起拌炒均勻，最後加鹽調味即可。

2. 熟薏仁DIY：3杯薏仁洗淨，瀝乾水分後加2杯半水浸泡4小時，移入電鍋，外鍋加水1杯，煮至開關跳起時即可。（薏仁有利水效果，還能美膚、抗癌、養顏美容，所以是減肥瘦身的好食材。）

## 蘆筍拌白果

材料：

罐頭白果2兩、蘆筍4兩

調味料：

鹽1/3小匙、胡椒粉1/4小匙、
香油1大匙

作法：

1. 蘆筍切除硬梗後洗淨，切寸段。

2. 燒開半鍋水，放入蘆筍、白果燙熟約1分鐘，撈出瀝乾，與調味料混合拌勻即可。

# 排毒地瓜餐飯盒。 [ 蒸地瓜+和風沙拉 ]

## 蒸地瓜

材料：

地瓜1條（約4兩）

作法：

將地瓜洗淨，去皮、切塊後，放入電鍋，外鍋加1杯水蒸熟至軟。地瓜可美容養顏，是目前火紅的排毒餐。

## 和風沙拉

材料：

生菜、小豆苗、胡蘿蔔片、西洋芹菜、罐頭白果、水煮蛋片各適量

調味料：

和風沙拉醬2大匙

作法：

將所有蔬菜清洗乾淨，徹底瀝乾水分後與其他材料、和風沙拉醬混合拌勻即可食用。帶飯盒時，將沙拉醬另外用小盒子裝，不要淋在生菜材料上，才可保持爽脆鮮嫩。沙拉醬是現成品，可在超市買到各種品牌的和風醬，美味又方便。

# 全麥胚芽三明治飯盒 ○ [ 全麥胚芽三明治+<br>豆包卷+水煮蛋+水果 ]

## 全麥胚芽三明治

材料：

全麥胚芽土司3片、
奇異果、鳳梨、番茄各適量

作法：

1. 將奇異果、鳳梨去皮後切片；番茄去蒂後洗淨，切片。
2. 全麥胚芽土司分別夾入水果片，疊整齊後切除四邊硬皮，再對切兩半成長方形即可。

## 豆包卷

材料：

(1) 豆包2片、乾香菇1朵、
胡蘿蔔絲2大匙、熟竹筍絲2大匙
(2) 白米、紅糖、茶葉各2大匙

調味料：

鹽及胡椒粉各1/4小匙、
醬油1大匙、糖半小匙、
香油1小匙、油1大匙

作法：

1. 香菇以水泡軟後切絲待用。
2. 起鍋，加入油，先炒香香菇絲，再加入熟竹筍絲、胡蘿蔔絲拌炒片刻，接著加入調味料炒勻即為餡料。
3. 每片豆包攤平，鋪上適量餡料後捲成圓筒狀。
4. 烤箱以160℃預熱10分鐘，將包好的豆包卷排在烤箱架上，下層烤盤鋪上一層鋁箔紙，上面撒上白米、紅糖及茶葉，以上、下火160℃燻烤約10分鐘，待豆包卷表面呈淺褐色即可取出，切小段。
5. 豆包卷可在素食專賣店買到。

## 水煮蛋

材料：

蛋1個

作法：

將蛋放入鍋裡，加入適量冷水，水量要蓋過蛋，開瓦斯，以中火煮約5分鐘即可。蛋不可等到水滾才放入。蛋入鍋就會破裂，所以一定要冷水時就放。如果喜歡蛋黃不是很熟時，烹煮時間可以減短一點。

## 水果

紅、黃小番茄適量

# 糙米黃豆飯飯盒 ○ ［糙米黃豆飯+迷迭香蔬菜沙拉 +水果］

## 糙米黃豆飯

材料：

糙米2杯、黃豆1杯

作法：

1. 糙米、黃豆分別洗淨後泡一夜的水，然後瀝乾水分，放入電子鍋裡，加3杯半水，按下開關，待開關跳起時，續燜一下，開蓋後混合拌勻。

   （糙米含有豐富的維生素B群及維生素E，能防止老化又有飽足感。黃豆含有卵磷脂及植物異黃酮素，可補充更年期婦女荷爾蒙的缺失。）

## 迷迭香蔬菜沙拉

材料：

綠花椰菜、胡蘿蔔2兩、
新鮮迷迭香1大匙、美白菇2兩

調味料：

橄欖油1大匙、鹽1/3小匙、
胡椒粉1/4小匙

作法：

1. 花椰菜洗淨，分切小朵；胡蘿蔔去皮後洗淨，切片；美白菇切掉根部，分成小朵，洗淨。

2. 燒開半鍋水，把處理好的材料放入，煮熟後撈出瀝乾，再與迷迭香及調味料混合拌勻即可。

## 水果

芭樂適量

# 郊遊
# 野餐飯盒

走，走，走走走，
我們小手拉小手，
走，走，走走走，
一同去郊遊。
西式、日式、中式美食輕鬆帶著走，
有玩有吃，心情好！

# 漢堡、大亨堡飯盒○ ［漢堡+大亨堡+炸薯條+<br>微笑馬鈴薯+飲料+水果］

## 漢堡、大亨堡

材料：

漢堡麵包2個、大亨堡麵包2個、
素漢堡肉2片、素大熱狗2條、
小黃瓜片、生菜、番茄片各適量、
起士2片

調味料：

黃色芥末醬1小匙、炸油3杯、
油少許

作法：

1. 將素漢堡肉放入抹有少許油的平底鍋裡，以小火
將兩面煎黃，取出；素熱狗放入燒至七分熱的炸
油裡，以中小火炸至金黃即可取出，瀝乾油。

2. 取漢堡麵包，把煎好的素漢堡肉、起士、番茄片
及生菜夾入麵包中即可。

3. 取大亨堡麵包，先夾入生菜，然後排入一條熱
狗，兩邊擺上番茄片及小黃瓜片，最後擠上黃芥
末醬即可。

## 炸薯條、微笑馬鈴薯

材料：

薯條、微笑馬鈴薯各1/3包

調味料：

炸油半鍋

作法：

1. 燒熱炸油至170℃，放入薯條、微笑馬鈴薯，以
中小火炸至金黃即可撈出，瀝乾油。

（超市可買到冷凍包裝的薯條、微笑馬鈴薯，方便
又美味。）

## 水果、飲料

可以依自己的喜好選擇

# 紫菜壽司飯盒。 [ 紫菜壽司+可樂餅+廣東泡菜+
水果+飲料 ]

## 紫菜壽司

材料：

壽司飯3碗、紫菜3張、菠菜4兩、
胡蘿蔔長條3條、蛋1個、
素肉鬆6大匙

調味料：

鹽少許

作法：

1. 菠菜取葉部，約與紫菜同長度，洗淨，放入加有
鹽的滾水中汆燙一下，取出，放冷開水中漂涼，
擠乾水分待用。

2. 胡蘿蔔長條放入滾水中煮1分鐘，取出，瀝乾水分
備用。

3. 蛋去殼，打散，加鹽拌勻後，倒入抹少許油的平
底鍋裡，煎成長方片，然後切成3長條。

4. 攤平壽司竹簾，鋪上一張紫菜，將1碗壽司飯均勻
地鋪在紫菜的4/5處，中間放上2大匙的素肉鬆、
1份菠菜、1條蛋皮、1條胡蘿蔔，拉起竹簾，慢慢
往前捲，邊捲邊拉出竹簾，包捲成圓筒狀，在1/5
沒有壽司飯的地方以米粒封口沾黏。

5. 用上面的方法將紫菜全部包捲成壽司，再以利刀
切成1公分寬的片狀即可。

6. 壽司飯DIY：準備熱白飯10碗，加入白醋半杯、
糖3/4杯，充分拌勻，邊拌邊搧，讓米飯變涼，拌
好放涼即為壽司飯。

## 可樂餅

材料：

冷凍素可樂餅3片

調味料：

炸油3杯

作法：

1. 燒熱炸油至七分熱（約170℃），放入素可樂餅，
以中小火炸至金黃即可。

2. 素可樂餅可在素食專賣店買到。

## 廣東泡菜

請參考第65頁煙燻素肉飯盒的「廣東泡菜」作法。

## 水果、飲料

可以依自己的喜好選擇

# 花壽司飯盒。

## 花壽司

材料：

壽司飯2碗（作法參考第89頁）、
紫菜2張、熟胡蘿蔔長條2條、
蛋皮2長條、燙熟菠菜3兩、
素肉鬆4大匙、生菜4小片、
野菜海苔鬆4大匙

作法：

1. 壽司竹簾攤平，放上一張紫菜，再均勻地鋪上1碗壽司飯，攤平後翻面，使白飯朝下、紫菜朝上，白飯那面鋪上保鮮膜，使壽司飯不會沾黏在竹簾上，接著在紫菜表面擺上2片生菜，再鋪上2大匙素肉鬆、1條蛋皮、1條胡蘿蔔、1份菠菜，拉起竹簾，慢慢往前捲，邊捲邊拉出竹簾，包捲成圓筒狀，再用米粒封口沾黏。

2. 野菜海苔鬆鋪平，將捲好的花壽司白飯那面滾上一層野菜海苔鬆，再用利刀切成1公分寬的片狀即可食用。

　（壽司內餡可隨個人喜好或方便取得材料做變化，像豆枝、醃漬黃蘿蔔、小黃瓜、蘆筍、滷瓠瓜絲或酪梨等，也是非常適合來包捲壽司的。）

## 炸小熱狗

材料：

素小熱狗6條

調味料：

炸油3杯

作法：

燒熱炸油至七分熱（約170℃），放入素小熱狗，用中小火炸至金黃即可。

## 水果、飲料

可以依自己的喜好選擇

# 稻禾壽司盒餐 ○ ［稻禾壽司+水煮玉米段+水煮蛋+酥炸素肉排+水果］

## 稻禾壽司

材料：

滷豆皮（四角形）1包、
壽司飯2碗（作法請參考第89頁）、
胡蘿蔔末、熟四季豆末各2大匙

作法：

1. 壽司飯加入胡蘿蔔末及四季豆末混合拌勻，即為餡料。

2. 打開滷豆皮，填入適量的餡料，再把豆皮外緣往內摺即可。

3. 滷豆皮（稻禾壽司皮）可在超市或大賣場買到，方便可口。

## 水煮玉米段

材料：

玉米1根

調味料：

鹽少許

作法：

將玉米洗淨，切段，放入加鹽的滾水裡，煮熟即可。

## 水煮蛋

請參考第81頁全麥胚芽三明治飯盒的「水煮蛋」作法。

## 酥炸素肉排

材料：

冷凍素肉排3~4片

調味料：

炸油3杯

作法：

燒熱炸油至七分熱（約170℃），放入素肉排，以中小火炸至金黃即可。

## 水果

草莓適量

# 三色飯糰飯盒。[ 三色飯糰+炸素雞塊+水煮蛋+素甜不辣+水果 ]

## 三色飯糰

材料：

白飯1又1/2碗、
熟蛋黃泥2大匙、
豆枝（切碎）2大匙、
野菜海苔鬆2大匙

作法：

1. 將白飯分成3等份，分別拌入熟蛋黃泥、碎豆枝及野菜海苔鬆。

2. 每種拌好的飯料，皆取一大匙的量，搓成小圓球即可。

## 炸素雞塊

材料：

冷凍素雞塊3~5塊

調味料：

炸油3杯

作法：

燒熱炸油至七分熱（約170℃），放入素雞塊，以中小火炸至金黃即可。

## 水煮蛋

請參考第81頁全麥胚芽三明冶飯盒的「水煮蛋」作法。

## 素甜不辣

材料：

素甜不辣6條

調味料：

油少許

作法：

平底鍋加熱，加油，放入甜不辣，兩面煎微黃即可。

## 水果

棗子適量

國家圖書館出版品預行編目資料

零失敗！今天開始做素便當！／林美慧著.
-- 初版.-- 新北市：養沛文化館，2011.10
面； 公分. -- (自然食趣；07)
ISBN 978-986-6247-31-6 (平裝)

1.素食食譜

427.31　　　　　　　　　　100018157

【自然食趣】07

# 零失敗！今天開始做素便當！

作　　者／林美慧
發 行 人／詹慶和
總 編 輯／蔡麗玲
執行編輯／林昱彤
編　　輯／黃薇之・程蘭婷・蔡毓玲
封面設計／斐類設計
美術編輯／王婷婷・陳麗娜
排　　版／造極
出版者／養沛文化館
發行者／雅書堂文化事業有限公司
郵政劃撥帳號／18225950
戶名／雅書堂文化事業有限公司
地址／新北市板橋區板新路206號3樓
電子信箱／elegant.books@msa.hinet.net
電話／(02)8952-4078
傳真／(02)8952-4084

2011年10月初版一刷　定價240元

總經銷／朝日文化事業有限公司
進退貨地址／新北市中和區橋安街15巷1號7樓
電話／（02）2249-7714　　傳真／（02）2249-8715
星馬地區總代理：諾文化事業私人有限公司
新加坡／Novum Organum Publishing House (Pte) Ltd.
20 Old Toh Tuck Road, Singapore 597655.
TEL：65-6462-6141　　FAX：65-6469-4043
馬來西亞／Novum Organum Publishing House (M) Sdn. Bhd.
No. 8, Jalan 7/118B, Desa Tun Razak, 56000 Kuala Lumpur, Malaysia
TEL：603-9179-6333　　FAX：603-9179-6060

convenient

convenient

# convenient

convenient